用实验证明古诗 **2**

（全2册）

路虹剑 / 主编

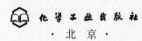
化学工业出版社
·北京·

责任编辑：龚　娟　肖　冉　　　　装帧设计：王　婧
责任校对：刘曦阳　　　　　　　　插　　画：胡义翔

出版发行：化学工业出版社（北京市东城区青年湖南街 13 号 邮政编码 100011）
印　　装：盛大（天津）印刷有限公司
710mmx1000mm　1/16　印张　14　字数 200 千字
2023 年 10 月北京第 1 版第 1 次印刷

购书咨询：010-64518888
售后服务：010-64518899
网　　址：http://www.cip.com.cn
凡购买本书，如有缺损质量问题，本社销售中心负责调换。

定　　价：98.00 元（全 2 册）

编委会名单

主　　任：路虹剑

副 主 任：何燕玲　赵瑞霞　范学军　果志媛

顾　　问：叶宝生

委　　员：路虹剑　何燕玲　赵瑞霞　范学军　果志媛　周碧涵　靳永新　张思宇
　　　　　杨婧涵　高颖颖　王　丹　胡子剑　付　薇　康建依　高楠楠　彭艳娟
　　　　　周亚亚　孙　靖　张　茜　周　曼　陈　芸　于克寒　张文芳　罗　炜
　　　　　舍　梅　徐　岩　虎天映　孙晓萍　邓　然　乐　瑶　樊淑芳　侯京丹
　　　　　王　博　姬　钊　宋　阔　刘春燕　吕　萌　张　莉　刘瑞琦　郝子婧
　　　　　赵　茜　王　昭　王子祺　沈保刚　张建颖　刘　婷　苏　珊　周振宇
　　　　　陈　妍　孔维静　王　澎　马靖宇　刘　玥　罗依萌　高　满　刘　晨

编写人员名单

主　　编：路虹剑

副 主 编：果志媛　王　澎　罗　炜　赵瑞霞

编写人员：王　澎　陈　芸　陈　妍　刘　玥　孔维静　罗　炜　罗依萌　周振宇
　　　　　高　满　苏　珊　马靖宇　刘　晨　路虹剑　赵瑞霞　果志媛　何燕玲
　　　　　范学军

以上排名不分先后

前言

古诗是中国传统文化中的瑰宝，更是国学中的一种经典体裁。正如我们知道的那样，在我国唐宋时期，涌现出了很多伟大的诗人，如李白、杜甫、白居易等，他们热爱生活，观察细致，富有想象力和艺术创造力，写出了很多经典的诗句，直到今天依然被人们广为传诵。

在我们诵读这些古诗的同时，一幅幅栩栩如生的画面会浮现在脑海中，但与此同时，对于爱思考的同学们来说，也可能会由此产生诸多有趣的问题。

例如，唐代田园山水诗派诗人储光羲的《钓鱼湾》中写道"潭清疑水浅，荷动知鱼散"，诗人俯看潭水清澈见底，给人一种潭水很浅的感觉。但不知道你会不会产生这样的疑问：水的真实深度和我们看到的是一样的吗？别着急，我们可以通过光的传播实验来寻找答案。

　　再比如唐代著名诗人李白在《望庐山瀑布》中的名句"日照香炉生紫烟，遥看瀑布挂前川"，描绘出一幅美妙的画面——山峰上升起了紫色的烟雾，但是你可能也会思考，为什么会出现"紫烟"呢？这其中是否隐藏着一些科学的原理呢？

　　再有，你一定听过唐代著名诗人李商隐在《无题》中的名句"春蚕到死丝方尽，蜡炬成灰泪始干"，蜡烛在燃烧的过程中会不断流下"眼泪"，那么蜡烛流下的"泪水"究竟是什么物质呢？为什么吹灭蜡烛的时候，我们还可能会看到白烟？白烟又是什么呢？同样，我们也可以通过科学的实验来寻找这些问题的答案。

　　如果你既想了解国学文化中的经典诗句，又善于思考，想用科学的方式来探寻古诗中所描绘的自然现象和场景，就翻开我们为你精心撰写的这本配有丰富有趣科学实验的书。它将带你走进古诗的文化，用实验的方法再现现象，用探究的方法发现其中的秘密。在整个阅读与实践的过程中，你的思考将会不断深入，并且是多角度的。

相信，随着你对古诗中科学知识的了解，你会由衷赞叹：古时，人们在长期的生产生活中是如此善于观察提炼，对大自然有着那么深刻的认识！他们因自己的勤劳与智慧，产生出了诸多的发现和发明，解决了很多实际问题，不断理解自然、征服自然。他们还善于用诗句记录和传承。同学们，这本书会带给你不一样的学习经历，请尽快开始你别样的研究与体验吧！

目录

1 秋空同碧色，
晓日转红颜
牵牛花的颜色为什么会在早晚发生变化？

诗词赏析

"秋空同碧色，晓日转红颜。"这句诗出自宋代赵与滂的《牵牛花》

一诗，原诗为：

> 西风樵子谷，藤蔓络柴关。
>
> 名在星河上，花开晓露间。
>
> 秋空同碧色，晓日转红颜。
>
> 若挂青松顶，翛然不可攀。

本首诗作者描写的是牵牛花的特点：生长在西风凛冽的山谷里，花朵和叶子的颜色却十分明净、美丽。在秋天的天空下，牵牛花的花朵由碧蓝变成艳丽的红色。像它这种高不可攀、无所畏惧的顽强生命力，实在让人惊叹！

其中"秋空同碧色，晓日转红颜"一句着重写出了牵牛花颜色的特点：秋天天空下一片碧蓝色，当红日喷薄而出的时候又转成了红彤彤的色彩。这种颜色的变化十分神奇。

牵牛花的颜色为什么会在同一天发生变化？

　　人们对牵牛花印象深刻，因为在生活中到处都能看到牵牛花的身影。平时，我们常见的牵牛花颜色有蓝紫色和粉红色，很多人都认为它们是所属品种不同，导致颜色不同的。

牵牛花的常见品种

　　实际上，牵牛花种类众多，花色也非常丰富，可是区别不同品种的牵牛花重点并不在花色，而是叶子的形状。人们根据它们叶子的不同形状，分别取名为圆叶牵牛、裂叶牵牛、大花牵牛等，而这些不同品种的牵牛花颜色也可能相同。

那么，对于某些品种的牵牛花，会不会正如古诗中所描述的"晓日转红颜"一样，是太阳出现后才变颜色呢？

下面我们可以尝试去观察同一株牵牛花，比较它在清晨、下午时的颜色。牵牛花的颜色果然在一天中发生了变化，这是为什么呢？

牵牛花变色的现象，有点像我们在化学实验中经常使用到的 pH 试纸，在不同的酸碱度下，pH 试纸会发生颜色的变化。那么，会不会是环境的变化，也使得牵牛花像 pH 试纸一样变色了呢？

神奇的 pH 试纸

pH 试纸的比色卡中显示，淡黄色的 pH 试纸常用于测定溶液的酸碱度。25 摄氏度时，溶液 pH=7（中性）试纸不变色；pH >7（碱性），试纸随着 pH 值增大，颜色依次出现蓝色、深蓝色、紫色的变化；pH <7（酸性），试纸随着 pH 值减小，颜色依次出现黄色、橙色、红色的变化。

现在，开始动手实验吧

扫码看实验

牵牛花的颜色在酸碱性不同的溶液中会有什么变化呢？接下来，让我们通过实验来揭晓答案。

实验准备：

两朵蓝紫色牵牛花、一杯碱性液体（小苏打溶液）、一杯酸性液体（白醋）。

实验步骤：

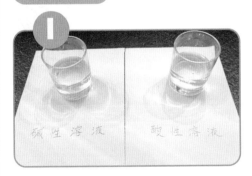

准备等量的小苏打溶液和白醋溶液（分别为牵牛花提供碱性和酸性的环境）。

取两朵蓝紫色的牵牛花分别放入小苏打溶液和白醋溶液中。

轻轻搅拌溶液，让牵牛花和溶液充分接触，你会注意到花瓣出现收缩。

取出花瓣并进行观察，看看牵牛花的颜色是否发生了变化？

根据观察，你发现了没有：在小苏打溶液（呈碱性）中，牵牛花依然保持蓝紫色；而在白醋溶液（呈酸性）中，牵牛花由蓝紫色变成了红色。

科学小发现

　　看到这样的结果，说明了牵牛花确实类似于 pH 试纸，是一种天然指示剂。而这种指示剂的名字叫作花青素。

　　从生物学的角度来讲，大多数的植物的生长是依靠光合作用和自身的呼吸作用来维持生命的。

光合作用

光能

氧气

二氧化碳

水

　　白天，在太阳光的照射下，植物会发生光合作用，吸收空气中的二氧化碳。这个过程中牵牛花内的酸碱环境会发生变化，酸性增强，从而它的颜色由蓝色变成红色。

　　讲到这里，你应该知道牵牛花变色的秘密了吧。

现在，古诗里的问题你已经明白了，但你是不是又出现了其他的疑惑呢？

1. 今天我们实验了蓝紫色的牵牛花，那白色的牵牛花和粉红色的牵牛花也会变色吗？

2. 还有哪些植物也可以作为天然的酸碱指示剂？我们来试试紫甘蓝吧！

提到紫甘蓝这种蔬菜，它可是非常受大家欢迎的！接下来我们可以利用它来做个变色实验。

实验准备：相同大小的杯子（4只）、紫甘蓝菜叶、白醋、实用纯碱、纯净水、搅拌棒和滴管。

实验步骤：

①取几片紫甘蓝叶切碎放入杯中，加纯净水浸泡5～10分钟，过滤得到紫甘蓝溶液。

②取两只杯子分别贴上标签，一杯中加入白醋，另一杯中加入利用食用纯碱和纯净水搅拌得到的溶液。

③准备好两杯相同容量的紫甘蓝溶液，再用滴管分别滴入相同量的白醋、上面配好的碱溶液，轻搅使混合均匀。

④观察并记录紫甘蓝的变色情况。

我观察到的现象：

_____

_____

_____

_____

_____

_____

_____

3. 除了植物外，动物能不能做天然指示剂进行变色呢？你可以查查资料给出答案。

2 可怜九月初三夜，露似真珠月似弓

叶片上的露珠是球体吗？

诗词赏析

"可怜九月初三夜，露似真珠月似弓。"这句诗出自唐代白居易的《暮江吟》，原诗为：

一道残阳铺水中，半江瑟瑟半江红。

可怜九月初三夜，露似真珠月似弓。

这首诗的意思是：霞光洒在映着残阳的江面上，江水被霞光分成两半，呈现出碧绿色和红色。九月初三晚上，露珠就像颗颗珍珠那样可爱，月亮像一张弯弓挂在夜空中。

诗中"可怜九月初三夜，露似真珠月似弓。"这句大意为：九月初三晚上，看到草茎树叶上的露珠像珍珠一样多么可爱，月亮像一张弯弓挂在夜空中。

问题来了

露珠真的会是球状的吗？

生活经验可能告诉你，水洒落在地面可能会摊开成一片。人们为什么这样描述叶子上的一滴水呢？难道露水很特殊或者是一种有黏性的类似水的液体，能像珍珠一样，成为一个球状吗？

通过观察我们可以看到：露珠在叶片上是微微拱起来的，有个向上凸起的弧度，果然像是珍珠。

露珠是特殊的液体吗？它是怎么形成的呢？

露水其实就是水，并不是其他类似水的液体。它常见于植物的叶片上，其产生原因大致为：空气中的水遇到冷的物体，凝结成小水珠，附着在叶子等物体表面上，这就是我们所说的露珠了。

难道一滴水真的可以不摊开，呈球状？这是为什么呢？

现在，开始动手实验吧

扫码看实验

我们先通过实验模拟一下叶子上的露珠，看看它是不是像珍珠一样是个球体？看看你会有什么发现？

实验准备:

装有水的杯子、滴管、硬卡纸。

实验步骤:

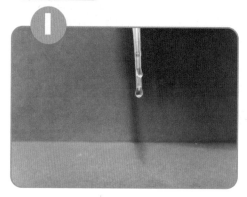

首先用滴管吸少量水，滴一滴水在硬卡纸上。

从侧面观察滴水滴时和纸上水滴的形状，你有什么发现？

我们用硬卡纸模拟叶片，往硬卡纸上滴水滴，从侧面观察水滴是微微拱起来的。纸上的水滴能像珠子那样在纸上滚动，正如诗人说到的叶片上的露珠像珍珠那样是球体的。为什么叶片上的露珠是球体，而不是其他形状呢？

为了进一步验证，请你再来进行一个水杯装水的实验吧！

扫码看实验

实验准备：

水、水杯、滴管。

实验步骤：

往杯子里装满水（杯子里的水装到不溢出程度才算满）。

杯子里的水已经装满了，试一试用滴管往里面再滴入水，每次都加一滴水，数一数滴几滴水后水会溢出。

从侧面观察水溢出前每滴一滴水时水表面的形状。你发现了什么？让我们把观察到现象画出来吧。

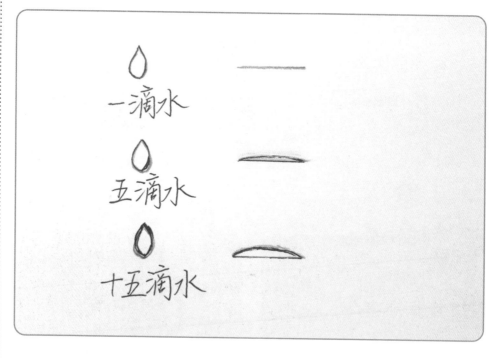

一滴水

五滴水

十五滴水

通过观察，水在溢出前的形状更接近球面，而不是平面，你知道这其中隐藏着什么科学道理呢？

科学小发现

事实上，液体的表面与气体接触时会形成表面层，表面层间微小成分相互的吸引力，使得液体表面层像一张膜一样，有微微地收缩，从而使液体尽可能地缩小它的表面面积。

正如诗人白居易感受到的，草茎树叶上的露珠像稀少的珍珠一样是个球体。在表面张力的作用下，液滴总是力图保持球形，这就是我们常见的水滴接近球形的原因，科学上把这种收缩力称为表面张力。我们日常看到的蛛网上挂的雨珠就是因为表面张力形成的。

1. 水黾（mǐn）是一种昆虫，又叫水马、水蜘蛛，它身体细长，非常轻盈，能在静水面或溪流缓流水面上活动。是因为它身体轻盈吗？还是这其中有其他原因？

2. 洗完手关闭水龙头后，我们有时会看到一滴水"悬挂"在水龙头的出水口上，为什么它不会掉下来呢？你能结合水的表面张力现象来解释吗？

3 卧看满天云不动，
　不知云与我俱东

云是动了还是没有动？

诗词赏析

　　"卧看满天云不动，不知云与我俱东。"这句诗出自宋代杰出诗人陈与义的《襄邑道中》，全诗为：

> 飞花两岸照船红，百里榆堤半日风。
>
> 卧看满天云不动，不知云与我俱东。

这首诗写的是坐船行进于襄邑水路的情景。大意是：两岸原野落花缤纷，随风飞舞，连船帆仿佛也染上了淡淡的红色，船帆乘顺风，一路轻扬，沿着长满榆树的大堤，半日工夫就到了离京城百里以外的地方。躺在船上望着天上的云，它们好像都纹丝不动，却不知道云和我都在向东行进。

问题来了

云到底是动了还是没有动？

诗人在船上，看天空的云是静止的，可他却说"不知云与我俱东"，显然，他很清楚，视觉上是云没有动，而事实上，云、船和自己都在向正东前行。

那么，云到底是动了还是没有动？为何诗人会有这样的发现？接下来让我们通过实验来探寻其中的缘由。

现在，开始动手实验吧

扫码看实验

　　诗中写道"卧看满天云不动"，意为躺在船上看着天上的云彩并没有移动，接下来，让我们先用一个实验模拟这个场景，看看是否如此。

实验准备：

　　裹在签子上的棉花、纯色屋顶的房间。

实验步骤：

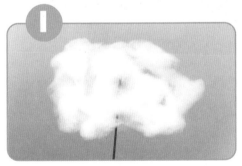

　　模拟诗人，手拿棉花团，高举过头。

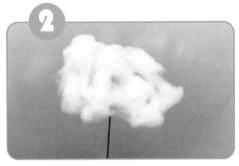

　　抬头看棉花，同时向前行走，在此过程中看看"云彩"是否移动了？

注意：
我们需要确定前方没有障碍物，避免出现磕碰。

在纯色的房顶背景下，我们感觉棉花没有移动过，这的确和诗中描绘的"卧看漫天云不动"是同样的感受。

在诗的末尾，诗人又说云和他都在动。这又是怎么判断的？这中间发生的位置变化又是以谁做参照标准呢？想象一下，我们就是在船上的诗人，看到什么就能判断船和船上的人在移动？是岸边的树？还是从地面寻找到了其他参照标准从而作出判断呢？这些想法与事实一致吗？我们再来做个模拟小实验吧。

扫码看实验

实验准备:

小树模型、小船模型、人偶、水盆。

让人偶"坐"在水盆里的小船上，水盆的边缘相当于堤岸，小树模型模拟岸边种植的树木。

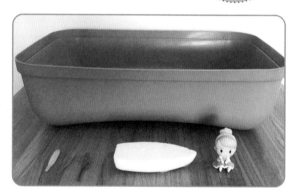

实验步骤:

移动小船向前行进，仔细观察，岸边的树木与船的位置发生变化了吗？

我们可以发现，对比岸边的树木位置，船移动了。

科学小发现

坐在船上的诗人明白：船离刚刚登船的位置越来越远，船和自己都在向东行驶。

而在船舱中的诗人，又一直都看到云在自己头顶，视觉上云确实也没有动，但他很清楚云其实是和自己所乘的船在一起向东行进。所以诗人才会说"云与我俱东"。

但两个实验观察下，得到不同结果。你发现原因在哪里吗？

第一个实验，以船为参照标准，云和船没有发生明显的位置变化，所以视觉上云没有动；第二个实验，以岸边的树为参照标准，船与树位置有了明显变化，这样按诗人描述，船在向东行驶，由此说明云也在向东行进。

在生活中，我们坐车出行的时候，如果只是盯着车里的事物，例如车座、方向盘等，也无法看到车的移动，但是如果我们通过车窗看一下窗外，作为参照物——静止的树木会相对往后移动，就能很明显地感觉到车子是在往前移动。

两个实验，为了对物体的动与不动做出判断，我们首先确定了一个参照标准，它也称为参照物。我们假定这个被参照的标准不动，如果被判断的物体相对于参照物有了位置上的变化，我们说这个物体运动了。

参照物不是一成不变的，是人们事先选定的、假设不动的物体。

我们不仅可以选择那些看起来不动的物体，还可以选择明明看着正在运动的物体。参照物不同，同一物体的运动状态也就不同。

　　诗人观察细致入微，把对生活的感悟融入诗中，动中见静，似静实动，有情趣，有智慧，不仅使读者身心愉悦，更引人深思，给人启示。

　　比如在机场，我们把地面塔台作为参照物，飞机起飞或降落是一种向上或向下运动的状态。而如果把运动中的飞机作为参照物，飞机是相对静止的，地面的塔台却是在相对运动的。不知道你可以理解吗？

在浩瀚的宇宙中，没有不动的物体，一切物体都在不停地运动。所以运动是绝对的，静止是相对的。

1. 诗人以岸上的树为参照物，可以证明船、船上的人、云都是一起运动的，我们还能以其他物体做参照物证明船、船上的人、云在一起运动吗？

2. 参照物不同，同一物体的运动状态也就不同。你还能举出哪些生活中的例子？

4 石火无留光，还如世中人

石头冒火花是哪里来的能量？

诗词赏析

"石火无留光，还如世中人。"这句诗出自唐代李白《拟古十二首》

（其三），原诗为：

> 长绳难系日，自古共悲辛。
>
> 黄金高北斗，不惜买阳春。
>
> 石火无留光，还如世中人。

即事已如梦，后来我谁身。

提壶莫辞贫，取酒会四邻。

仙人殊恍惚，未若醉中真。

本首诗大意为：人们自古就想用超长的绳子把太阳系住，不惜用齐天高度的黄金来买光阴。石头产生的火花转瞬即逝，正如这世间的人一样。往事流逝如同梦境，人死后又会变成什么呢？提起酒壶，不要以贫困推辞，取酒摆宴来邀请四邻。神仙的事情纯属虚无缥缈，只有豪饮大醉才能感受到无拘无束的自由，活出真实的自我。

其中"石火无留光，还如世中人"一句，诗人将世间的人比作石头产生的火花，运用了比喻、夸张的手法，写出了人活在世上的渺小与短暂，让我们感受到了种种忧思与愁绪。

问题来了

石头真的能产生火花吗？

诗中提到"石火无留光"，所谓的"石火"指的是石头冒出的火花，可是石头怎么能产生火花呢？真是令人不可思议。

　　如果你常读李白的诗，你会发现被称为"诗仙"的他想象丰富，写出的诗词意境奇妙、语言非凡，那么，石头能冒火花仅仅是李白的想象吗？是艺术手法还是确有其事呢？

　　你对石头一定也不陌生吧！马路边、草丛里、河流中……石头几乎随处可见，在我们的印象里，它总是安安静静躺在那里，怎么会产生火呢？

　　也许你想到了流星，那些流星进入地球的大气层后，会与空气摩擦产生热量从而燃烧；你可能头脑中还会呈现动画片里一些用铁榔头砸石头的画面，好像也会配有火星四溅的动画效果。那在生活里，猛力敲击石头，真的能产生火花吗？

　　如有可能的话，是像木头一样被点燃，还是如诗句中所描写那样"无留光"？我们通过实验来试试吧！

现在，开始动手实验吧

扫码看实验

我们将石头放在地上，用铁锤从不同高度用不同力度去撞击石头，看看分别会出现什么现象吧！

实验准备：

坚硬的石头、铁锤、护目镜、手套。

安全提示：
实验过程中一定注意安全，戴好护目镜和手套，实验时不要用力过猛，在比较空旷的地方进行实验，不要伤到自己和他人哦！

实验步骤：

将石头放在平坦的地面上，握紧铁锤的锤柄，让铁锤距离石头的距离近一些。看看锤击石头会有火星出现吗？

小 提 示

为了更好地观察到实验现象，尽量在光线较弱的地方或者傍晚进行实验。

先用较小的力度锤击石头试一试。

注意：
上述实验步骤要保持铁锤与石头距离较近且不变。

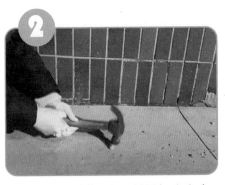

没有火星冒出。如果加大力度又会怎样呢？我们再来试一试。

在增加力度后，经过不断尝试，我们发现石头上有微弱的火星冒出了！

接下来，将铁锤放在距离石头表面较远的位置，依旧用不同力度撞击石头表面，看看又会有哪些发现。

同样，先用较小的力量，看看增加锤面和石头之间的距离，敲击石头后有没有火花出现。

保持距离不变，再用较大的力量试一试，看看效果如何？

多次尝试后，我们发现石头能否被撞击出火花，跟铁锤与石头间的距离和撞击的力度有关，当距离越远、力度越大时，石头越容易冒出火花，这是为什么呢？其实这其中隐藏着物理学的原理。

动能与能量守恒定律

在实验中，我们让铁锤从不同高度下落，运动的铁锤是具有能量的，科学上称之为动能。动能大小与该物体的质量和运动速度有关，当物体质量不变时，运动速度越大，也就是铁锤从较高处下落时，接触石头表面的瞬时速度较快，铁锤具有的动能就越大；相反，当铁锤从低处下落时，接触石头表面的瞬时速度较小，铁锤具有的动能就越小。

动能与使石头冒出火星的热能有什么关系呢？原来，不同形式的能量之间是可以相互转换的，铁锤从高处用大力撞击石头时，铁锤自身具有较多的能量，与石头碰撞，转换成的热能也就越多，从而能使石头表面有小火星冒出。

科学小发现

通过实验，我们发现，当铁锤从越高的地方下落、用大力撞击时，产生的能量越多，转化成的热能就越多，因此会有更大的火花出现。

通过实验我们发现，作为浪漫主义诗派的代表人物李白，在写"石火无留光，还如世中人"这一诗句时，不仅仅运用到了想象和夸张的艺术手法，而且真的包含有客观事实和现代物理学的原理。

1. 远古时期的人们会通过"钻木取火"的方式获得火源，你能分析一下火是怎样得到的吗？

2. 你能说说为什么火柴"划"一下就能被点燃吗？这其中又存在怎样的能量转化呢？

5 只等高风便，非无云汉心

白鹭为什么要逆风起飞？

诗词赏析

"只待高风便，非无云汉心。"这句诗出自唐代张文姬的《沙上鹭》，

原诗句为：

沙头一水禽，鼓翼扬清音。

只待高风便，非无云汉心。

原诗的大意是：沙滩尽头的一只白鹭，振动翅膀准备飞翔，鸣叫声清脆悠扬，心怀凌云壮志，只等待高风乘风而起，直入云霄。一遇高风，即逆风扶摇而上，昂首云天展翅飞翔。诗人借助白鹭的起飞的习惯，来劝慰自己的丈夫耐心等待"高风"，希望他积极进取，抓住时机，定能一展抱负、直上云霄。

在这首诗中，"高风"指借助强劲的风，让白鹭逆风而起，飞得更高更远。

问题来了

白鹭逆风而起不是在增加飞行阻碍吗？

根据我们的生活经验，顺着风前进，往往十分省力；而逆风前行，受到的阻力增大，就会变得十分困难。

可是在自然界中，有许多大型的鸟类都喜欢逆风起飞，白鹭也是如此。但如果

我们细心观察，会发现白鹭无论是飞行，还是漫步，向来是从容不迫，姿态优雅斯文，好像一位披着白纱的文静少女。

斯斯文文的白鹭真的不怕逆风起飞吗？这其中又有怎样的奥秘呢？接下来让我们通过实验一探究竟！

现在，开始动手实验吧

扫码看实验

接下来我们将会进行两个有趣的小实验。在第一个实验中，我们会模拟白鹭的翅膀，探究白鹭起飞与风的关系。

实验准备：

A4 白纸、棉线若干、吸管、剪刀、胶棒、吹风机。

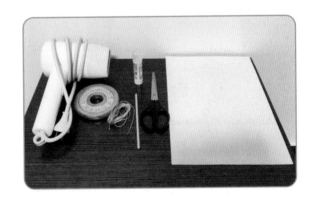

实验步骤：

1

将 A4 白纸，沿长边对折，让其中一条边比另一条边短 4 厘米。

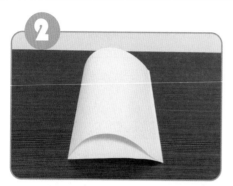

再将折叠后的 A4 白纸两短边对齐，用胶棒进行黏贴，折起的一边会弯曲成弧形，构成白鹭翅膀的形状。

在弧形"翅膀"的中间部位插入吸管，并将两头露出白纸的吸管剪裁掉。

在吸管中穿入棉线，棉线一端固定在地面，另一端固定在一定的高度上，然后将"翅膀"放置在地面上。（注意：弧形面为上）

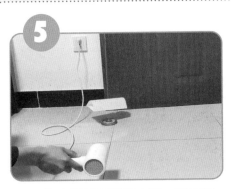

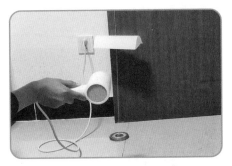

将吹风机开到最大挡，平行于弧形面吹风，并缓慢向上移动。

通过实验可以发现，被模拟成白鹭翅膀形状的纸竟然逆着风被托举起来，不断上升。

接下来，让我们调换吹风机的挡位，看看弧形纸的起飞会有什么不同吗？

扫码看实验

实验准备:

固定好的弧形纸、吹风机。

实验步骤:

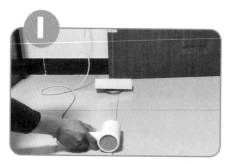

将吹风机开到最小挡,平行于弧形面吹风,并缓慢向上移动。

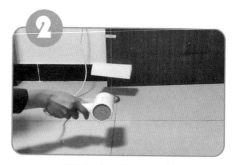

再将吹风机开到最大挡,平行于弧形面吹风,并缓慢向上移动。

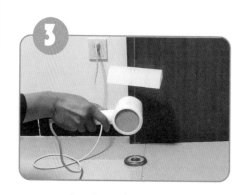

实验记录:

	上升距离（厘米）	所用时间（秒）
吹风机开到最小挡	30	14
吹风机开到最大挡	30	10

通过实验可以发现,用最小挡吹风机吹弧形面,弧形纸被托举上升到 30 厘米用 14 秒钟的时间,而用最大挡,只需 10 秒钟的时间,将吹风机开到最大挡,弧形纸会更快地被托举起来。

科学小发现

被模拟成白鹭翅膀形状的弧形纸会被托举起不断向上飞，是因为在地球表面覆盖有一层厚厚的大气层，在大气层中的物体，都要受到空气分子撞击产生的压力，这便是大气压力。

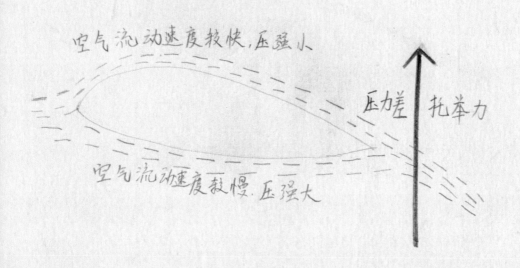

当打开吹风机，会让空气加速流动，纸的上表面是弧形的，使得上表面的气体流动速度快，下表面是平面的，气体流动速度慢，从而形成气压差。所以纸的下方气体压强大，上方气体压强小，进而产生向上的托举力，使得弧形纸被托举起来不断向上飞。气流速度越大，升力就会越大，起飞所用时间越短。

　　白鹭在起飞时张开翅膀，翅膀的形状呈现弧形，与实验中的弧形纸类似，当白鹭逆风起飞时，翅膀下方气体压强大，翅膀上方气体压强小，产生气压差，进而产生向上的托举力，使得白鹭可以逆风而起飞得更高更远。所以白鹭也同许多大型鸟类一样，喜欢逆风起飞。

　　由此可见，白鹭不光看上去斯斯文文，而且还充满了智慧啊。

？开动脑筋想一想

1. 我们知道飞机的机翼是模仿鸟类的翅膀而制造的，那么飞机的机翼有什么特点呢？你能仿照模拟实验中的做法，制作机翼模型，了解飞机起飞的奥秘吗？

2. 列车（地铁）站台都会画黄色的安全线，和车门有一定的距离，那么你知道我们为什么不能站在安全线以内吗？你能试着根据科学原理来进行解释吗？

6 春蚕到死丝方尽，
蜡炬成灰泪始干
蜡烛燃烧的时候一定要"流泪"吗？

诗词赏析

"蜡炬成灰泪始干"出自唐代著名诗人李商隐的《无题》，原诗为：

相见时难别亦难，东风无力百花残。

春蚕到死丝方尽，蜡炬成灰泪始干。

晓镜但愁云鬓改，夜吟应觉月光寒。

蓬山此去无多路，青鸟殷勤为探看。

本诗前四句描述了在离别时难分难舍的不易与艰难，以象征的手法表达了自己无尽无休、无法停止的思念。后四句则表达出深切的思念和无法相见的愁苦。

这首诗描写了一种不死不休的感情，其中"春蚕到死丝方尽，蜡炬成灰泪始干。"这句诗大意为：春蚕结茧到死时丝才吐完，蜡烛要燃尽成灰时像泪一样的蜡油才能滴干。现常用来赞美像蜡烛一样燃烧自己照亮他人、有无私奉献的精神的人。

问题来了

蜡烛燃烧的时候会"流眼泪"吗？它的眼泪是什么呢？

蜡烛是一种很常见的用品，夜晚停电时可以用来照明，过生日时我们也会点蜡烛烘托气氛。它陪伴着我们，为我们带来光亮，但随着燃烧蜡烛会慢慢变短。诗人在创作时与我们观察到的现象一样吗？他所描写的蜡烛的泪水是什么呢？让我们一起动手验证一下吧。

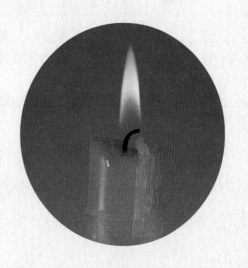

现在，开始动手实验吧

扫码看实验

蜡烛又不是人，怎么会流下眼泪呢？那它在燃烧过程中，流下的究竟是什么呢？别着急，让我们先从观察蜡烛的燃烧开始实验。

实验准备: ....

蜡烛、蜡托、打火机。

实验步骤: ....

将蜡烛放置在桌面上，并用打火机点燃。

观察蜡烛燃烧时发生了哪些变化，每隔半分钟把蜡烛的状态记录下来。

注意：青少年使用打火机需在家长陪同下进行。

你看到了吗？点燃的蜡烛上蜡油大滴大滴地落了下来，在下落的过程中蜡油由液体变为固体，蜡烛渐渐变短。那么蜡烛燃烧时下落的蜡油是水还是别的物质呢？接下来，让我们通过第 2 个实验进一步探讨。

实验准备：

小金属圆盘、木头夹子、白蜡烛、一包小蜡块。

实验步骤：

取一些小蜡块放入到金属圆盘中。

用夹子夹住金属圆盘放在蜡烛上加热，观察蜡块的变化。

放在金属盘中被加热的小蜡块随着温度的升高逐渐熔化，与燃烧时观察到的流下的"蜡油"一样变成了透明的液体。由此我们可以判断，蜡烛燃烧时会流下"眼泪"，且所流下的"眼泪"为液态的蜡油。

如果我们把蜡烛流下的蜡油凝固后收集起来，加入烛芯又可以继续点燃，是不是就能无限使用这根蜡烛了呢？我们可以通过第 3 个实验，比较蜡烛燃烧前后的长度和质量来进行判断。

扫码看实验

实验准备:

蜡烛、电子秤、卷尺、打火机。

实验步骤:

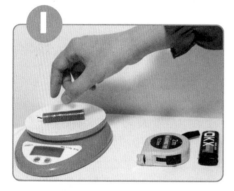

用电子秤和卷尺分别称量蜡烛的质量与长度,并做好记录。

此时蜡烛的质量为 6 克,长度约为 5.5 厘米。

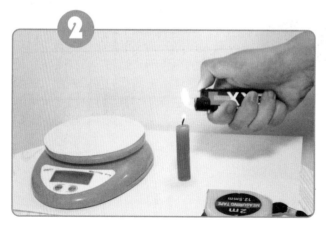

点燃蜡烛,计时5 分钟,在此期间继续观察蜡烛 "流泪"现象。

将蜡烛熄灭，用电子秤和卷尺再次称量蜡烛的质量与长度，并做好记录。

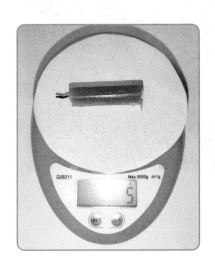

此时蜡烛的质量为 5 克，长度约为 5 厘米。

　　通过这个小实验可以清晰地发现燃烧 5 分钟后，蜡烛变短了，并且质量也由 6 克变为 5 克，明显地减少了。随着燃烧，蜡烛的总质量在下降，所以我们不可能无限地使用一根蜡烛。

　　做完上述三个小实验，我们可以发现在燃烧的过程中随着温度升高，蜡烛的形态发生了变化。随着时间的推移，在燃烧后有一部分蜡烛消失了。

不同温度时蜡烛发生的变化

　　蜡烛燃烧时的温度为 300~500 摄氏度。温度上升到 70 摄氏度时，就到达了蜡烛的熔点，蜡烛便从硬硬的、光滑的固体形态熔化成液态蜡油。蜡油顺着长长的烛柄滴落，如同泪痕般，仿佛在无声地哭泣。

当蜡烛持续燃烧，温度上升到 300 摄氏度以上，即达到蜡烛的沸点，液态蜡油汽化变成气态。吹灭蜡烛后，温度降低，气态蜡在空气中遇冷凝华成固体的蜡烛小颗粒。也就是观察到的白烟。再次点燃这缕白烟，你会发现神奇的一幕——蜡烛又重新燃烧了。

　　蜡烛的燃烧还会生成水和一种能使澄清石灰水变浑浊的气体——二氧化碳。这些物质的生成使蜡烛在燃烧的过程中质量不断减少。也就是在蜡烛燃烧的过程中既发生了物态变化，也产生了新物质。

1. 诗人笔下的"蜡炬成灰"又是怎样的情境呢？纸燃尽变为纸灰。蜡烛燃尽后也会变成灰吗？据记载古代的蜡烛"以苇为中心，以布缠之，饴蜜灌之"，现在你是否能推测一下诗人观察到的"成灰"可能是什么现象呢？

2. 通常，蜡烛的亮度相对电灯来说是有限的，有什么方法可以提高烛光的亮度呢？（提示：如果你手边有空的易拉罐，可以把它剪开试试看。）

7 香炉初上日，瀑水喷成虹

瀑布能喷出彩虹吗？

诗词赏析

"香炉初上日，瀑水喷成虹。"这句诗出自唐代诗人孟浩然的《彭蠡湖中望庐山》，原诗为：

太虚生月晕，舟子知天风。

挂席候明发，渺漫平湖中。

中流见匡阜，势压九江雄。

黯黮凝黛色，峥嵘当曙空。

香炉初上日，瀑水喷成虹。

久欲追尚子，况兹怀远公。

我来限于役，未暇息微躬。

淮海途将半，星霜岁欲穷。

寄言岩栖者，毕趣当来同。

　　这首诗描写了作者途径鄱阳湖，遥望庐山看到的宏壮景象。"香炉初上日，瀑水喷成虹"的大意为：初升的太阳越过香炉峰，瀑布在映照下形成彩虹。作者描绘了庐山香炉峰天色渐晓时的一派别样景致，带领读者感受庐山瀑布的壮美。"瀑水喷成虹"的景象更是令人叹为观止，瀑布高悬空中，飞流直下，朝晖映照，颜色如雨后彩虹，绚丽多彩。

都说雨后见彩虹，难道瀑布也能喷出彩虹？

　　"不经历风雨，怎能见彩虹？"我们经常会在一场大雨过后，看到天边挂着一道彩虹，非常壮观且给我们带来惊喜。但是诗人说，高耸的悬崖边上一泻千里的瀑布也能形成彩虹！这是真的吗？

雨过天晴，空气中弥漫着大量水汽，湿漉漉的。太阳没有了乌云的遮盖，阳光直接洒向大地，此时我们看到了彩虹。那么瀑布周围为什么也能出现彩虹，它是否和雨后的场景有共同之处呢？

当我们靠近瀑布，难免被瀑布溅起的水珠淋湿衣服。我们发现：瀑布坠落过程中飞溅的大量水珠，也使瀑布周围的空气充满水汽。我们找到了两种场景的相同点：空气中都有着大量小水珠！这是否就是彩虹形成的条件呢？

结合诗句"香炉初上日，瀑水喷成虹"，太阳刚刚从香炉峰上升起，在朝阳的映照下，瀑布上出现了彩虹。我们是不是可以据此推测：满足"阳光＋小水珠"这样的条件，就可以看到彩虹、看到诗人眼中的景象了呢？

现在，开始动手实验吧

扫码看实验

如果具备了"阳光＋小水珠"的条件，就能出现彩虹吗？让我们通过实验一起来验证一下吧！

实验准备：

装满水的喷水壶。

我们先选择中午阳光明媚的时候，到开阔地进行实验。用喷水壶向空中喷洒水珠，通过不同观察角度，找一找是否出现了彩虹？

实验步骤：

观察者在侧面

正午侧面观察

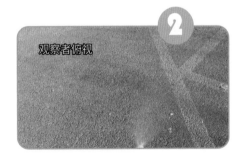

观察者俯视

正午俯视观察

正午正对阳光观察 正午背对阳光观察

　　我们发现，在中午阳光明媚的时候，并没有出现彩虹。看来只有"阳光＋小水珠"这两个条件还不够。再来回忆一下，看到彩虹的时间多为傍晚雨后，傍晚时太阳即将"落山"，那么彩虹的形成，会不会和太阳照射的角度有关系呢？

　　再次实验，让我们选择在傍晚夕阳西下时进行。选择太阳快要落山的时候，到达上次实验的地点。再次用喷水壶向空中喷洒水珠，同样通过不同角度观察，看看是否出现了彩虹？

太阳落山前侧面观察 太阳落山前俯视观察

太阳落山前正对阳光观察　　　　　太阳落山前背对阳光观察

有趣的是，在太阳快要落山时，当我们选取背对阳光的角度进行实验，果然看到了美丽的彩虹，而且还很清晰呢！

科学小发现

通过实验，我们发现：当阳光以低角度（早晨或傍晚时）照射空气中的小水珠，同时观察者背对阳光，此时我们就可以看到彩虹了。

彩虹形成的条件

　　彩虹，又叫虹，是气象中的一种光学现象，是天空中形成的弧形七彩光谱。彩虹虽不罕见，但它的出现也需要特定的条件。雨后天晴看到彩虹，不仅因为雨后空气中尘埃少、湿度大，半空中悬浮着很多接近球形的小水珠，而且还要有阳光以低角度照射到若干小水珠上，通过反射和折射便会形成美丽的彩虹。

　　由于阳光中不同色光的折射率不同，当阳光以 40°～42°的角度照射向小水珠时，这时的角度最容易观测到彩虹。而且当空气中小水珠体积越大，我们看到的彩虹越鲜明。

　　诗人说，香炉峰上太阳初升，瀑布呈现出了彩虹的颜色。这是因为瀑布从庐山高高的悬崖上坠落，流速很快，在流动中，瀑布的水流撞击在凹凸不平的石壁上，激起了无数的小水珠，此时刚刚升起的太

阳越过香炉峰，阳光
从诗人的身后，照射
到这些小水珠，就会
看到彩虹跃动在瀑布
上方，好似瀑布原本
的色彩一样，如梦似
幻，也似悬崖上挂了
一道会流动的光谱。
诗人所用的"喷"字，
也巧妙地告诉我们彩
虹与喷溅出的小水珠
有着密切的关系。

　　其实我国的古人
很早就观察到了彩虹
的现象，并对彩虹的
成因进行了推测。在
战国时期庄子曾说"阳炙阴为虹"，意思是太阳照射水滴而形成虹。
在唐代就已经有人模拟了彩虹的出现。南北朝诗人刘孝威的《与皇
太子春林晚雨诗》中写有"云树交为密，雨日共为虹"，也描述了"雨"
和"日"共同创造了形成彩虹的条件。可见，我国古人对于彩虹的
成因乃至本质，都是有着非常深刻的认识的！

1. 小水滴接近球形，能够折射出彩虹，其他形状的透明物质，比如长方体、三棱柱体的玻璃也可以形成彩虹吗？这又该如何验证呢？

2. 在实验过程中，如果我们把户外的阳光换成室内的灯光，还能看到彩虹吗？

8 前村月落一江水，僧在翠微角竹房

江水分"一江水"和"半江水"吗？

诗词赏析

"前村月落一江水"出自唐代著名边塞诗人高适的一首题壁诗，原诗为：

> 绝岭秋风已自凉，鹤翔松露湿衣裳。
>
> 前村月落一江水，僧在翠微角竹房。

这首诗的意思是：山岭吹来的秋风已经带着凉意，仙鹤一动，松树枝头的露水就会打湿衣服。月落时，前面的村庄被一江水环绕着，一片翠绿之中隐约看到僧人在角落的竹房。

这首题壁诗是作者高适在游览时，白日远眺秋景，觉得十分美丽，结合晚上远看的景色将诗句写在了一座寺庙的墙壁上。但当他离开寺院继续游览，又在月落时真正走近钱塘江，才发现自己写"错"了：江水根本不是一江，而是半江。当他赶回写诗的地方，却发现已经有人将"一江"改为了"半江"。

问题来了

江水还分"一江"和"半江"吗？

　　我们平时常说"一江水"，如果没有旱涝灾害，在我们的印象中江水的水量似乎不会变化太多。但高适和帮他改诗的人却都发现了：在平常的日子里，江水的水量也会自然变化。江水真的会自然呈现很不一样的水量吗？如果真有这种规律性变化，又是什么原因造成的呢？

　　你可能听说过海水水量的自然变化，也就是海水的涨潮和退潮。涨潮时，海水的水量会自然变多。退潮时，海水的水量会自然变少。那么，江水是否也会涨潮和退潮呢？地球上为什么会出现涨潮、退潮呢？这种现象其实和地球、月球的运动有关。

　　地球绕太阳公转，绕太阳一周的时间大约是一年。月球绕地球公转，绕地球一周的时间大约是一个月。太阳、地球、月球规律性地处于不同位置。太阳、地球、月球位置不同，对地球有什么影响吗？

现在，开始动手实验吧

扫码看实验

接下来，我们通过实验来模拟太阳、月球、地球在不同位置时的情境，看看你能发现什么。

实验准备：

磁性橡皮泥、两块磁石。

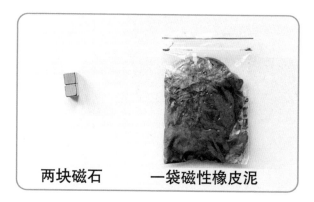

两块磁石　　　一袋磁性橡皮泥

实验步骤：

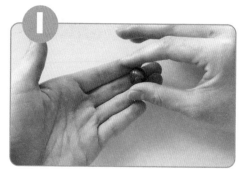

将磁性橡皮泥揉成球形代表地球，用两块磁石分别代表太阳和月球。

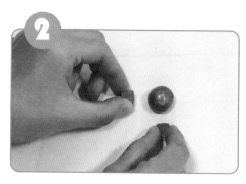

农历初八，太阳、月球和地球成直角，将太阳、地球、月球放置成直角。

3

　　农历十五，太阳、地球、月球正好在一条直线上，所以将太阳、月球放在地球的两侧。

在农历初八和农历十五，你分别发现地球形状有什么变化吗？

根据实验我们可以看到，地球的"形状"会受到太阳和月球的影响：

　　农历初八，地球形状发生一定的变化。

　　农历十五，地球形状变化更大，被拉得更"扁"。

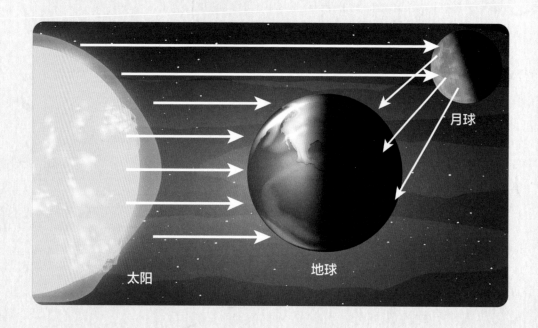

月球

太阳　　　　　　　　　地球

为什么会出现这样的现象呢？这还要从太阳、月球对地球的影响讲起。

首先，太阳和月球都对地球有引力作用，地球表层的水，就深受它们之间力的影响。想象一下，当我们用绳子甩皮球的时候，感觉皮球要向外飞走，这是因为皮球有一个向外的力。而地球就像绳子一端的皮球一样，它绕着太阳转时，也会有一个向外的力。而太阳又像磁石一样吸着它，这就导致地球被来自太阳的这两个力"拉扁了"，月球和太阳一样，也像磁石一样"拉"着地球。地球表层的水受到这些力的作用，自然也有变化。

因为太阳与月球对地球的影响，使地球在不同时间受到不同力的作用，导致海水、江水都会出现涨潮和退潮的现象，江水的水量会自然发生变化。以钱塘江为例，在农历的每月十五潮汐都会比较大。

其次，由于地球自转的影响，一天内江水的水量也会自然发生变化。每天都会出现两次涨潮，诗人就是由于把看到的白天江水状态用于描写夜晚时的江水了，才出现了"一字之差"。

古人细致观察身边的自然变化，将"一江水"改为"半江水"，是与事实一致的。生活中，看到和原有印象不一致的现象，我们也应该认真观察、取证，理解其中的科学原理，成为细致认真的人。

1. 涨潮和退潮会周期性地出现，那么在海边生活的人有哪些要注意的事情？

2. 涨潮和退潮的存在，使海边有一种特别的活动"赶潮"，你觉得什么时候参与这项活动最合适？

9 春色满园关不住，
一枝红杏出墙来

红杏为什么会伸出墙外？

诗词赏析

"春色满园关不住，一枝红杏出墙来。"这句诗出自宋代诗人叶绍翁的《游园不值》一诗，原诗为：

> 应怜屐齿印苍苔，小扣柴扉久不开。
>
> 春色满园关不住，一枝红杏出墙来。

这首诗的大意是：也许是院子的主人怕我的木屐踩坏青苔，轻轻拍打柴门却很久没人来开。柴门关不住满园的春色，一枝开得正旺的红杏越过墙头伸了出来。

诗中描写了作者春日游园所见所感。诗人从一枝红杏花，领略到满园热闹的春色，感受到满天绚丽的春光。不过诗句中也有一些与科学有关的问题，你注意到了吗？

问题来了

一枝红杏的枝条为什么会伸出墙外？这只是一种偶然吗？

诗人借助一枝红杏枝条，让人想象到了院墙内满园的春色与春天的勃勃生机。我们观察一棵树会发现，它们的枝杈向外伸展生长，所

以树枝伸出墙外再正常不过。但是如果仅仅一枝 "脱离"树冠、伸出墙外，它难道是在炫耀什么吗？从植物的生长发育过程思考，这一枝红杏为什么这样生长？这是一种偶然吗？其中有什么科学缘由吗？

也许你想到了，植物的生长需要阳光，院子里是不是太挤了，所以这一枝杏花就伸出院墙寻找阳光呢？

现在，开始动手实验吧

扫码看实验

为了开展研究，我们需要寻找一种生长速度比较快的植物，并创造出我们要研究的环境条件。

实验准备：

4 个纸盒、绿豆苗若干、3 盏台灯、水。

　　自然环境下植物的生长都需要阳光的照射。为了排除其他环境因素的干扰，我们将植物摆放在室内阳光不能直射到的地方。用台灯和室内屋顶灯模拟太阳照射植物；用高矮不一的绿豆苗模拟杏树；用纸盒模拟院墙，并在"院墙"上标清东、西、南、北四个方向。

将一份长势良好的绿豆苗放在纸盒内、靠近纸盒的南侧，接受屋顶灯光照射，观察绿豆苗在一段时间内的变化。

将三份长势良好的绿豆苗分别放在三个纸盒内、靠近纸盒的南侧，在三个纸盒上标注①、②、③。

将一盏台灯摆放在①号纸盒的东侧；一盏台灯摆放在②号纸盒的南侧；一盏台灯摆放在③号纸盒的西侧。三盏台灯照射绿豆苗的亮度和角度保持一致，观察绿豆苗在一段时间内的生长变化。

要想知道植物是不是向着光生长，可以在一天中每隔一段时间对绿豆苗进行一次观察。

把观察到的现象画一画或拍照记录。

观察时间	室内屋顶灯光	台灯东侧照射	台灯南侧照射	台灯西侧照射
0 小时				
2 小时后				
4 小时后				
6 小时后				
……				

几个小时后，我们发现：摆放在室内只接受屋顶灯照射的绿豆苗，每一株的茎和叶都能接受到充足光射，因此茎和叶都竖直向上生长；台灯照射下的绿豆苗因为纸盒挡住了部分光，只有一侧能够受到充足光的照射，所以茎和叶会向着有台灯光照的方向弯曲。

继续观察还发现：向着台灯灯光一侧弯曲的绿豆苗中，当绿豆苗高度超过纸盒高度后，则会弯到纸盒外生长，像极了诗词中"红杏出墙来"的情景。

实验中绿豆苗会向着有光的一侧弯曲生长。其实生活中植物向阳的一面生长都很茂盛，枝条和叶子更是向阳生长。所以，诗人看到红杏枝条伸出墙外的现象并不是偶然，而是植物向光生长的特性。

但是，为什么诗人看到的不是很多枝杏花出墙来呢？由此，我们可以推想，茂盛的枝叶和围墙挡住了大量阳光。低处的这一枝红杏努力地生长，它突破困境，伸出院墙，获得了更充裕的阳光，越长越茁壮。

植物向光生长的原因

植物的体内有一种生长素，它的作用是调控植物生长速度和方向。这种生长素对阳光敏感，它会尽一切可能躲到阴影里，因此它们就会从茎的向光面迁移到茎的背光面，因此背光面的生长素含量多于向光面。这些生长素会刺激背光面的细胞快速生长，因而引起两侧的生长不均匀，从而造成向光弯曲的现象。

开动脑筋想一想

1. 自然界中生长着各种各样的植物，它们也会出现像绿豆苗一样向着有光的一侧弯曲生长的现象吗？我们选择身边的植物去观察研究，尝试用画一画或拍照的方式记录下它们的成长过程吧！

2. 向日葵的花盘在白天的时候会追着太阳从东向西转，当太阳下山后，向日葵的花盘又慢慢地恢复到原来的方向，第二天又继续追着太阳从东向西转。为什么向日葵的花盘会追着太阳从东向西转？请观察记录下向日葵在阳光下的变化吧，想一想这种现象对它的生长有着怎样的意义呢？

10 日照香炉生紫烟，
遥看瀑布挂前川
"紫烟"到底是什么？

诗词赏析

　　"日照香炉生紫烟，遥看瀑布挂前川。"这句诗词出自《望庐山瀑布（其二）》，是唐代大诗人李白五十岁左右隐居庐山时写的风景诗，全诗为：

　　　　日照香炉生紫烟，遥看瀑布挂前川。

　　　　飞流直下三千尺，疑是银河落九天。

这首诗的大意是：香炉峰在阳光的照射下产生紫色烟霞，瀑布在远处看好像白色绢绸悬挂在山前。崖上直直落下的瀑布好像有几千尺，让人怀疑是银河从天上落到人间。

这首诗形象地描绘了庐山瀑布雄奇壮丽的景色，反映了诗人对祖国大好河山的无限热爱。

首句"日照香炉生紫烟"中的"香炉"其实并不是我们生活中用来烧香的小炉子，而是指庐山的香炉峰。它因形状尖圆，像座香炉而得名。当我们结合另一首《望庐山瀑布》第一句"西登香炉峰，南见瀑布水"分析，再结合香炉一样的山峰与飞流直下的瀑布等描述，我们就确定了当时李白所看的山是香炉峰，瀑布是秀峰瀑布。

诗人看到的"紫烟"到底是什么呢？

生活中，我们通常提到的烟，一种是烟波浩渺、"一蓑烟雨任平生"的朦胧；另一种是杳无人烟、"长烟落日孤城闭"的飘缈。第一种是蒙蒙细雨一样缭绕的水汽；第二种是物质燃烧时产生的弥漫的烟雾。

　　我们可以想象，瀑布水冲击谷底所激起的水汽形成了诗人所描写的"烟"，这种水汽的本质则是一颗颗悬在空气中的微小水滴。

　　诗人所描绘的"紫"烟，到底是他真的看到了水汽的紫色还是只是他对所观景色的一种夸张的、意象化的表达呢？

　　太阳光包含了不同颜色的光，不同光线有不同的折射角度。有时我们在早晚时分能看到红色的云，就是本来是白色的云被太阳光中的红光映照上了红色。

牛顿和光的色散

　　牛顿在观察到肥皂泡上七彩的颜色后，认为太阳光是由不同颜色的光组成的，并做了一个实验来研究太阳光的颜色。

　　他把房间里弄成漆墨的，并在窗户上挖一个小孔，让一束阳光射进来。将三棱镜放在光的入口处，使折射的光能够射到对面的墙上去，就这样在墙上得到了一个彩色的光斑，颜色的排列是红、橙、黄、绿、蓝、靛、紫。牛顿把这个彩色光斑叫作光谱，这个现象叫作光的色散。

　　那么李白所说的紫烟，是不是也是由于光的色散原理所形成的呢？

现在，开始动手实验吧

扫码看实验

接下来，让我们也像牛顿一样，借助生活中的材料来研究光的色散吧！观察一下太阳光包含哪些颜色的光，并试着找一找紫色的光。

实验准备:

透明玻璃容器、水、充足的阳光。

实验步骤:

在薄壁无色透明玻璃容器中装入水（水位高4厘米以上）。

透过玻璃容器中的水来观察明亮的物体或区域。

注意：
实验要求平视明亮物体或区域，与观察对象的距离在 1~5 米内较为合适。

　　你观察到光的色散了吗？其实实验结果是很明显的。接下来，让我们改变光线射入的角度再试一试。

❸

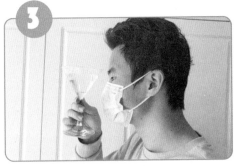
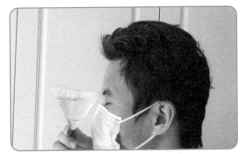

用慢慢站起或蹲下的方式改变观察的角度，持续观察色带的颜色变化。

光带的上方有明显的红色。　　　　　　光带中紫色部分非常明显。

　　我们在观察中确实看到了红、橙、黄、绿、蓝、靛、紫七种不同颜色的光。

　　同时我们注意到，当我们改变我们观察物体的角度的时候，色带会发生变化，有的角度看到的红光、橙光占据较大面积，有的角度看到的蓝光、紫光占据较大面积。

　　当光射入玻璃容器的角度发生改变时，不同颜色光的折射角度不同，呈现在光带上的颜色就会偏红或偏蓝紫。而且我们可以在三棱镜的折射光带中发现蓝紫光总是离光入射的位置更近一些，这是因为蓝紫光要比红橙光折射的角度更大。

　　如果我们把大气层想象成一个包围了整个地球的球形容器，光在通过这个容器时也会发生与折射类似的一种叫作散射的变色现象，所以我们可以看到蓝色的天空以及早晚时红色的霞。

　　所以，我们可以推测诗人确实看到了"紫烟"。在李白眼中，部分的紫光映照在水汽上，又有霞的红光与天空的蓝色所叠加产生了"红+蓝=紫"的效果。我们在生活中，也能见到类似原理产生的紫色的天空。

　　曾经有古代的文人质疑李白所描写的紫烟是他自己艺术加工的夸张描写，但经过我们科学的论证，证明了"紫烟"这个现象是真正会出现的自然现象，李白可能真的亲眼看到了这样的景色，并没有夸大其词。

　　也许，李白就是在这样日出或日落之时远观水汽缭绕的香炉峰，看到紫色的霞光映照其上，这美丽梦幻的景色与不远处宏伟壮观的瀑布交相辉映，促使他写下了这样一篇绝美的风景诗。

1. 根据我们在这一小节学到的内容，你能试着解释一下：为什么在晴朗的白天，我们的天空大多数时候是蓝色的吗？

2. 成语"紫气东来"，这是一种神话里才有的情况吗？还是真有可能发生？

11 竹深树密虫鸣处，
时有微凉不是风

竹深树密和微凉有什么关系？

诗词赏析

　　"竹深树密虫鸣处，时有微凉不是风。"这句诗出自南宋诗人杨万里的《夏夜追凉》，原诗为：

　　　　夜热依然午热同，开门小立月明中。

　　　　竹深树密虫鸣处，时有微凉不是风。

"竹深树密虫鸣处，时有微凉不是风"的大意为：远处的竹林和树丛里，传来一声声虫子的鸣叫；一阵阵清凉的感觉来了，可这不是因为风。这首诗描绘了诗人在夏日的夜晚，感受到和中午一样炎热，于是打开门，到月光下站一会儿，这才听到虫鸣，感觉到凉爽。

问题来了

诗人描述的竹深树密和微凉有什么关系？

静中生凉是诗人所要表现的意趣，我们也确实听到过这样的一种说法——心静自然凉。的确，在闷热的夏天，如果心烦意乱就会更加燥热，心情舒缓平静便有了凉意。

　　但是诗人并没有在屋里静心生凉意，而是走到自然环境里，那凉感有没有可能来于环境呢？

为什么树林中更凉爽？

　　在夏天，如果我们走进树林或者树木较多的地方，确实会感觉到凉爽。这是因为，在白天植物的叶挡住了大部分的阳光，阻挡了阳光辐射给地面带来的热量；另外，植物的叶在进行蒸腾作用，当叶片中的水分变成水蒸气时，会带走叶片周围空气中的热量。因此，树林深处的气温比树林外的气温低。现在城市，也会选用香樟树、桂树、雪松、冬青、银杏等十余种树木作为行道树，它们可以使周边环境平均降温 5.1 摄氏度。以上都是树林中会让我们感觉更凉爽的原因。

　　夜晚的室外环境温度一定会略低于室内，所以会造成身体一定程度的散热，皮肤会第一时间感受到这份凉意。诗人所处环境周边还有片竹林，竹林内部的温度会更低。如果是这样，难道不会让诗人有冷风袭来的感觉吗？这不是风又是什么？

现在，开始动手实验吧

扫码看实验

接下来的实验中，我们会制造较热和较冷的两个区域，模拟在炎热的夏日夜晚，温度略高的树林外环境和凉爽的树林深处环境。

空气是无色、透明的气体，不便于我们直接观察。所以需要借助较为轻的物体，例如能够悬浮于空气中的微小颗粒——燃香冒出的烟来研究观察。只要空气流动起来，香冒出的烟就很容易随着空气的流动而流动起来了。

因此，在这个实验中，我们通过观察燃香冒出烟的走势，就可以明确空气流动的情况。

实验准备:

蜡烛、冰袋、香、单层纸巾条、打火机、纸盒、湿毛巾、透明薄板。

实验步骤：

将纸盒一面替换成透明板，朝向正面便于观察，并在纸盒左面开一个较大的孔，纸盒上面开一个较小的圆孔，单层纸巾条贴在上面圆孔的边缘。

将冰袋放置在盒子的左侧圆孔外，这时盒子外就是较冷的环境。同时，将蜡烛放进盒子里，点燃蜡烛。

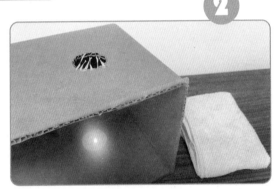

当蜡烛燃烧一会之后，纸盒里就是较热的环境，此时我们需要注意看一下纸盒上面圆孔边缘纸巾是否出现了变化？

我们可以看到，纸盒上面圆孔边缘处的纸巾晃动了。并且，随着蜡烛燃烧所产生的热空气上升，纸巾条从盒子的圆孔里飘了出来。

注意：安全用火，不要烧到自己和周围的物体！

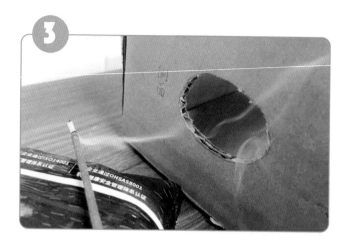

3

点燃事先准备好的香，放在冰块附近，观察烟的流动情况。

通过实验我们发现：点燃的香冒出的烟沿水平方向飘进纸盒里。这是因为，当纸盒内的热空气上升后，周围较冷的空气就会流动过来，这就是空气的流动性质之一。

小 提 示

在实验结束后，吹灭蜡烛，扔进废弃盒，并用少许的水浇灭燃烧的香。

科学小发现

　　如实验呈现，只要有温差，空气就会有流动。那么，处在竹林外的诗人感受到的"微凉"必然会与环境因素有关。不过，即便有空气流动就是风吗？

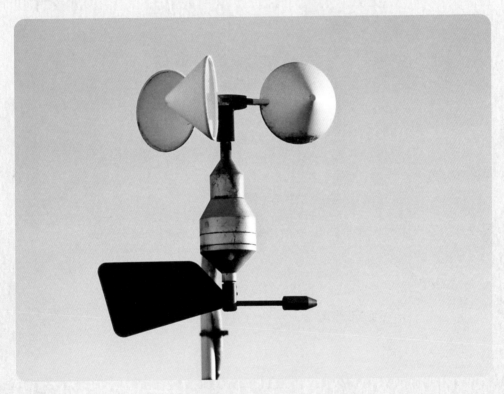

　　我们知道，水在自然界是循环流动的，自然界中的水不会凭空消失或产生，它只会从一个位置转移到另一个位置，或者从一种形式转化为另一种形式。

如何界定风的速度？

　　古人懂得对自然现象的观察。唐代杰出的天文学家、易学家、数学家、风水学家李淳风（602-670 年）是世界上第一位给风定级的人。其名著《乙巳占》创立了 8 级风力标准：1 级动叶；2 级鸣条；3 级摇枝；4 级堕叶；5 级折小枝；6 级折大枝；7 级折木、飞沙石；8 级拔大树与根。

　　到了现在，有了更为精准的风级分类，不仅细分了风的等级（从 0 到 12 级），还界定了风流动的速度：

风级	现象	风速（米／秒）
0 级静风	静、烟直上	0.0~0.2
1 级软风	烟能表方向，但风向标不动	0.3~1.5
2 级清风	人面有感觉，树叶微响，风向标能转动	1.6~3.3
3 级微风	树叶及微枝摇动不息，旌旗展开	3.4~5.4
12 级飓风	海面皆白，巨浪如江倾河泄；陆地上可摧毁建筑物	32.7 ~ 36.9

　　结合诗人描述的竹叶和树叶没有晃动，且诗人的面庞没有感觉，那么诗人描绘的夜晚应该是 2 级以下的风，风速小于 1.5 米／秒，这个速度相当于人正常走路的速度。

　　如此看来，诗人除了"静中生凉"以外，自然环境同样给了他丝丝凉意。

？ 开动脑筋想一想

在天气预报中，我们常常听到"冷空气来袭"，这就意味着某一地区在短时间内有一股冷空气会流动过来。请思考：

1. 地球上的"冷空气"是怎样形成的？"冷空气来袭"也是因为某地区有热空气上升后导致的吗？

2. 范成大在《六月七日夜起坐殿庑取凉》一诗中亦云："风从何处来？殿阁微凉生。桂旗俨不动，藻井森上征。"虽设问风从何来，但既然桂旗不动，可见非真有风，殿阁之"微凉"不过因静而生。那么殿阁中的"微凉"有没有环境因素呢？

12 昨夜江边春水生，
　　艨艟巨舰一毛轻

巨舰真的可以像羽毛一样轻吗？

诗词赏析

"昨夜江边春水生，艨艟巨舰一毛轻。"这句诗选自南宋著名诗人朱熹的《观书有感二首·其二》，全诗为：

> 昨夜江边春水生，艨艟巨舰一毛轻。
>
> 向来枉费推移力，此日中流自在行。

　　这首诗的大意是：昨天夜晚江边的春水大涨，那艘大船就像一片羽毛般轻盈。以往花费许多力气也不能推动的大船，今天却能在江水中央自在漂流。

　　这首诗将巨舰比喻成羽毛，漂浮在江中，描述了生活中海水涨潮后的现象。因为"昨夜"的一场大雨，"江边春水"不断汇入大江，本来搁浅的"艨艟巨舰"，居然像羽毛一样浮在了水面上！这么大的船只，搁浅时众人推都推不动，春水猛涨后，它真的能像羽毛一样轻吗？

问题来了

巨大的船舰真的可以像羽毛一样轻吗？

　　巨舰可以漂浮在水面上并不稀奇，但是它真的会轻如羽毛？无论是在陆地上还是在水中，巨舰依旧是巨舰啊，难道它漂浮在水中重量

就变轻了吗？

　　如果我们用一个巨大的称去称量巨舰，随着江水的涨潮，它的重量会随着它浸入江中的体积逐渐加大而慢慢变轻吗？我们试着用实验一探究竟吧！

现在，开始动手实验吧

扫码看实验

　　我们可以找找身边的物品，用玻璃杯模拟船只放在一个足够深的水盆里，不断向水盆中加水，模拟诗词中说的春水涨潮的场景。

　　在加入水的过程中，我们发现，一开始玻璃杯并不能漂浮在水中，杯体也仅仅是一小部分被水淹没；通过不断加水，没入水中杯体的体积不断变大，当水加到某一定程度后，玻璃杯真的可以漂浮在水中了。

　　在这个过程中，玻璃杯的重量发生变化了吗？

　　我们可以用弹簧测力计测量物体的重量。为了便于测力计的测量，我们可以用方便测量的物体代替。让我们回到实验室来找一找可以模拟这个现象的仪器吧。

　　我们可以用金属块模拟巨舰，并让它逐渐浸入到水中，就像我们刚刚的实验一样，使得没入"船体"的体积逐步增加，在这个过程中，我们分别去称量它的重量。

实验准备:

金属块、弹簧测力计、装有水的水槽（水量需足够没过整个金属块）。

实验步骤:

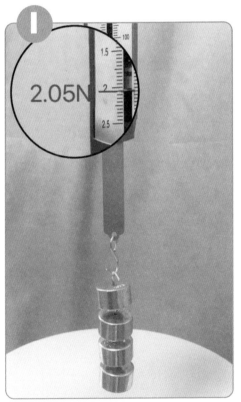

用弹簧测力计竖直提起重物保持静止，测量此时所用的力，并记录下来。

轻轻地将金属块体积的四分之一浸入水中，用相同的测量方法测量此时提起金属块所用的力，并记录。

将金属块体积的二分之一浸入水中，继续测提起它所用的力并记录。

将金属块体积的四分之三浸入水中，继续测所用的力并记录。

将金属块完全浸入水中保持静止，测量所用的力并记录。

科学小发现

金属块浸入水中体积	0	四分之一	二分之一	四分之三	完全浸入
弹簧测力计的示数	2.05N	1.95N	1.9N	1.8N	1.75N

注：N（牛），力的单位。

　　梳理、对比测量的五次弹簧测力计示数，我们发现：随着金属块没入水中的体积越来越大，弹簧测力计测出的示数越来越小。

　　这是为什么？聪明的你们一定可以想到，肯定是水的浮力导致的。随着金属块浸入水中体积的增大，水给金属块的浮力也就逐渐增大。如果把金属块变成船，它的体积会浸入水中更多，当浮力足够大时，它就可以像羽毛一样漂浮在水面上了。

是谁发现了浮力？

阿基米德原理

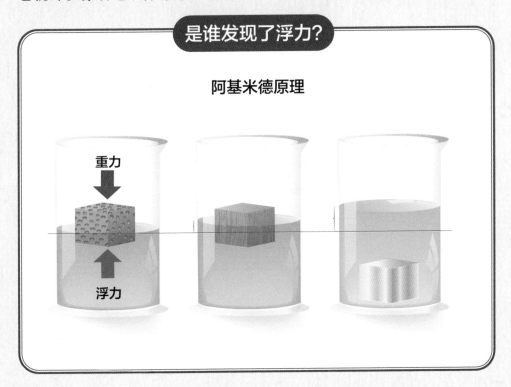

我们把浸在液体或气体中的物体受到的液体或气体对其向上的力叫作浮力。单位为牛顿，简称牛，用"N"表示。

关于浮力，有这样一个传说：古希腊时期，叙拉古的国王让金匠制造一顶金王冠，但是他怀疑金匠在王冠中掺了银，便请阿基米德来鉴定。

阿基米德苦思冥想多天，并没有什么好办法。有一天，当阿基米德刚躺进装满温水的浴盆，准备洗澡时，水溢了出来，与此同时，他发现自己身体微微上浮。阿基米德忽然想到，可以用测定固体在水中排水量的办法，来确定王冠是不是纯金的。

他立刻从浴盆中出来，跑回去研究。他把王冠放到盛满水的盆中，称出溢出水的重量，又把相同重量的纯金放到盛满水的水盆中，再称出溢出水的重量，他发现溢出的水远远比第一次的水少。这就说明，相同重量的情况下，王冠排出水的体积大于纯金的王冠排出水的体积，于是阿基米德判断金匠在王冠中掺了银子。

回到这句诗词，艨艟作为古代水军的大型主力战舰，它的体积可是远远大于我们前面所用到的金属块的。回想当初水浅时人们想要推船，尽管用再大的力气也是无用功。如今春水涨潮，水位上涨，船只浸没在水中的体积不断增大，受到水向上的浮力也在增大，人们无需费力，巨舰就可以像羽毛一样可以在江中自由航行。同时，这句诗也传达给我们这样一个道理：凡事需要等到时机成熟，才能收到事半功倍的效果。

什么是质量和重量？

　　质量指物体所含物质的多少，是任何物体都固有的一种属性，不论它处在地球上还是月球上、太空里，质量都是不会发生变化的量；而重量则反映了物体所受重力的大小，在地球上它受地球引力的影响，在月球上则受月球引力影响。我们都知道月球引力远远小于地球，因此，假如你站在月球上称体重，你会变得很轻。

因此我们说巨舰"轻如羽毛"，并不是它的重量变得和羽毛一样轻，它在水中的重量并没有改变，而是由于船只受到了很大的浮力，可以像羽毛一样轻盈地漂浮在水面上。

开动脑筋想一想

1. 现在这里有一个可以漂浮起来的实心木块，如果我们不断压缩它的体积，可能会出现什么结果呢？

2.　我们向空中扔一根羽毛，它会在空中飘浮一阵子才落地，这是由于羽毛受到了空气的浮力。物体浮力的大小受影响因素在空气中和在液体中是相同的，那么你可以设计一个物体，让它可以利用空气的浮力飘浮在天空中吗？

《野渡无人舟自横》
于皓（北京市东城区和平里第九小学）

《露似真珠月似弓》
王彤鑫（北京景山学校）